U0257450

· 眼健康科普 ·

护眼
小卫士

编写　郑亚洁

绘制　金　冉

北京大学医学出版社

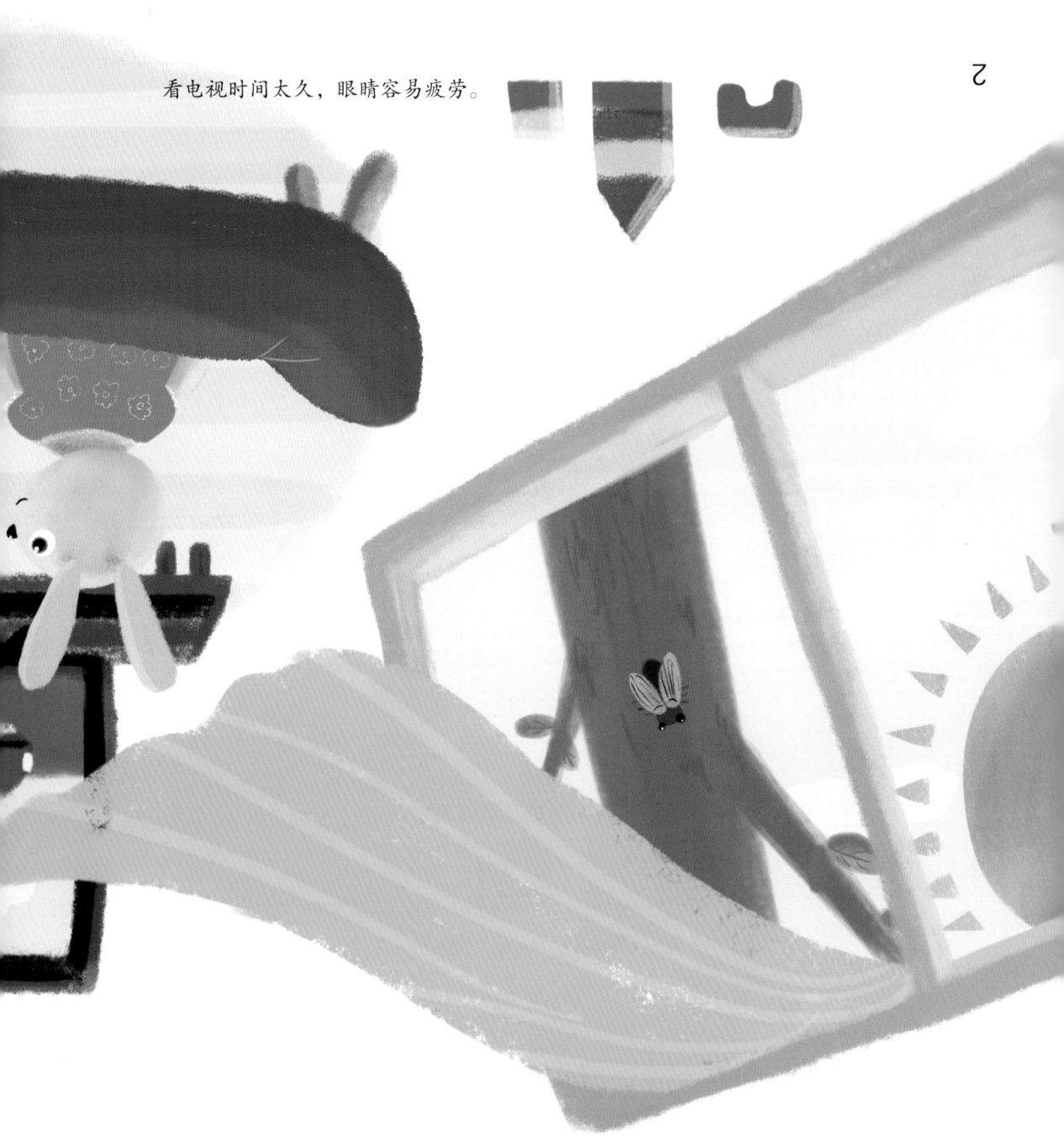

看电视时间太久，眼睛容易疲劳。

放暑假了，窗外的知了声声叫。瞳瞳打开电视，坐在沙发上看了一上午。妈妈做好了午饭叫她吃饭，她还不肯离开沙发。

在猫藏起来看书，光线太暗睡：
因为害怕，孤离害大记，吃得瓷
大多；这些行为都可能让它睡睡
出现问题。

午睡时分，妈妈拉上窗帘，关上了门。瞳瞳躲在被窝里，趴在小人书上，嘴里叼着棒棒糖，手伸向床头柜上的糖果盘，悄悄拿起一颗巧克力。

下午，爸爸拿着羽毛球拍，想和瞳瞳出去打羽毛球。瞳瞳手里拿着玩具不肯走，嘴里嘟囔着："外面那么热，我要在家里玩。"

每天日晒不足2小时，更容易出现近视。

吃完晚饭，爸爸妈妈带着瞳瞳去超市。瞳瞳一手拉着妈妈的裙角跟在后面走，一手拿着手机，眼睛盯着屏幕看得不亦乐乎。

8

走路的时候看手机，不仅不安全，也不利于保护眼睛哦。

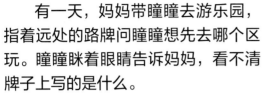

有一天，妈妈带瞳瞳去游乐园，指着远处的路牌问瞳瞳想先去哪个区玩。瞳瞳眯着眼睛告诉妈妈，看不清牌子上写的是什么。

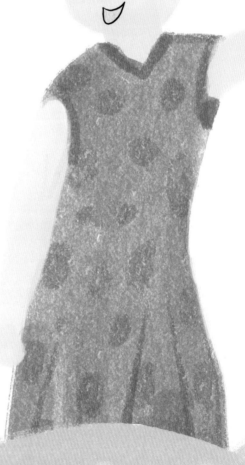

12

　　妈妈带着瞳瞳去医院查视力。医生发现瞳瞳出现了假性近视。医生告诉瞳瞳，再不爱护眼睛，就得戴上小眼镜了，蹦蹦跳跳都不方便了。

　　小朋友们，你们知道瞳瞳的哪些做法是不爱护眼睛的行为吗？把书倒过来，在故事里找一找吧！

瞳瞳不想戴眼镜，要做护眼小卫士！

牢记预防近视的6个武器：

1. 看书或看电视时间不能太久，20分钟就要让眼睛休息一会儿。

2. 不要在太黑或太亮的地方看书，光线要适宜。

3. 看书距离不能太近，至少距离33厘米。

4. 少吃甜食，不挑食。

5. 每天2小时户外运动晒太阳，可以预防讨厌的近视眼。

6. 看书时书要稳稳地放在桌面上，不要在晃动中看书（比如走路或坐车的时候）。

20分钟

33厘米

爸爸带瞳瞳去水上乐园玩儿，瞳瞳一边举着一串烤肠，一边追着蜻蜓，一不小心面朝下扑倒在地上，竹签差点扎到眼睛。爸爸赶忙拉起瞳瞳，告诉她，吃东西的时候不能跑，尤其是手里拿着签子、筷子、雨伞等危险物品时。

还有呀，在吃肉串、糖葫芦这些带签子的东西时，要横着拿，不能竖着拿。

吃完烤肠，瞳瞳又跳进了水里，她惊喜地告诉爸爸，睫毛上挂着水珠，看太阳的时候是五颜六色的。

爸爸说，那是因为光线透过水珠的色散，形成了像彩虹一样的效果，但是长时间直视太阳，会损伤眼睛的视网膜，视网膜是眼睛很重要的部位。

一定要记住，眼睛要避开太阳、电焊灯、紫外线灯、激光笔等有害光源。

造浪池边上有个小沙滩，瞳瞳和小伙伴一起堆城堡过家家。小猴子欢欢抓起一把沙子抛向空中，瞳瞳仰头看着沙子，兴奋地喊着："下雪咯！下雪咯！"

沙子落进了瞳瞳的眼睛里，瞳瞳越揉越疼，急得哭了起来。爸爸拿来矿泉水，把瞳瞳眼睛里的沙子冲了出来。爸爸告诉瞳瞳，眼睛里进了沙子不要揉眼睛，不然沙子会划伤眼睛，要用干净的水或自己的眼泪把沙子冲出来。

第二天醒来，瞳瞳的眼睛被黄色的分泌物糊住了，黏黏糊糊睁不开。爸爸说，糟了，一定是细菌进了眼睛，瞳瞳这是得结膜炎了。

22

哥哥拿来了酒精，因为妈妈说过，酒精是杀菌的。妈妈摇摇头说，酒精只能给皮肤消毒，可不能用在眼睛上，会损伤角膜的。要想给眼睛杀菌，只能用眼药水。

干燥剂

洗衣粉

　　早餐过后，哥哥抓了一小撮洗衣粉兑水，吹起了泡泡。瞳瞳也想做一瓶自己的泡泡水，拿起桌上的一小包干燥剂，打开一看，跟哥哥的洗衣粉一样也是白色粉末，正准备往小瓶子里倒。

哥哥赶紧拉住了瞳瞳，告诉她："这个跟洗衣粉不一样，放进水里会爆炸的，上次电视上报导过，有一个孩子眼睛被炸坏了。"吓得瞳瞳再也不敢玩干燥剂了。

"啪嗒啪嗒"，爸爸在打树上的栗子。瞳瞳跑到树下，抬着头兴奋地看着栗子一个一个往下掉，突然一颗带刺的栗子冲着瞳瞳飞了过来，差一点砸到眼睛，吓得瞳瞳赶紧跑得远远的，不敢站在树下了。

妈妈急忙赶来，告诉瞳瞳，眼睛很脆弱，一定要注意安全，看到正在落下栗子的树、正在打羽毛球的人、路边的电焊、炸小吃的油锅，都要离得远一点，以免砸到眼睛或飞溅物进入眼睛。

我们的眼睛就像一部球形照相机，会拍出美丽的图像传输给大脑。

当我们向远处看时，眼睛很轻松。

但是看近处时，眼睛需要用力调焦，就容易疲劳。

如果我们长时间看书或手机离得太近，眼睛就会很累很累，日子久了，就变成了近视眼，再也看不清远处的东西了。以后就需要天天戴着眼镜。

　　眼睛是一个精密的照相机，它很脆弱，一旦受伤，可能就无法完全恢复
了。所以，我们要特别爱护自己的眼睛，做个护眼小卫士!

图书在版编目（CIP）数据

护眼小卫士 / 郑亚洁编. —北京：北京大学医学出版社，2021.10（2023.2重印）

ISBN 978-7-5659-2467-5

Ⅰ. ①护… Ⅱ. ①郑… Ⅲ. ①眼—保健—儿童读物 Ⅳ. ①R77-49

中国版本图书馆CIP数据核字（2021）第142987号

护眼小卫士

编　　写：郑亚洁　绘制：金　冉

出版发行：北京大学医学出版社

地　　址：（100191）北京市海淀区学院路38号　北京大学医学部院内

电　　话：发行部　010-82802230；图书邮购　010-82802495

网　　址：http://www.pumpress.com.cn

E-mail：booksale@bjmu.edu.cn

印　　刷：北京强华印刷厂

经　　销：新华书店

责任编辑：张李娜　　责任校对：靳新强　　责任印制：李　啸

开　　本：889 mm × 1194 mm　1/24　印张：1.5　字数：26千字

版　　次：2021年10月第1版　2023年2月第2次印刷

书　　号：ISBN 978-7-5659-2467-5

定　　价：30.00元